U0155763

和鸡泡鱼飘流大广东①

广州百年饮茶史

趣至文化·编绘

广州新华出版发行集团

广州出版社

图书在版编目（CIP）数据

广州百年饮茶史 / 趣至文化编绘 . — 广州 : 广州出版社，
2023.2
（和鸡泡鱼飘流大广东； ①）
ISBN 978-7-5462-3515-8

Ⅰ . ①广… Ⅱ . ①趣… Ⅲ . ①茶文化—文化史—广州
Ⅳ . ① TS971.21

中国版本图书馆 CIP 数据核字 (2022) 第 189126 号

书　　名	广州百年饮茶史	
	Guangzhou Bainian Yinchashi	

策 划 人	趣至文化　龚　婷　管健嘉
责任编辑	卢嘉茜　李佰幸
责任校对	李少芳
顾　　问	龚伯洪
本册主编	孔雁菲
装帧设计	趣至文化
出版发行	广州出版社
	（地址 : 广州市天河区天润路 87 号 9 楼、10 楼　邮政编码： 510635）
印刷单位	广州市快美印务有限公司
	（地址 : 广州市白云区广从五路 410 号一楼 103 房、二楼、五楼部分
	邮政编码 :510545　电话： 020-23336155 ）
规　　格	787 毫米 ×1092 毫米　1/16
印　　张	5.5
字　　数	100 千
版　　次	2023 年 2 月第 1 版
印　　次	2023 年 2 月第 1 次
书　　号	ISBN 978-7-5462-3515-8
定　　价	48.00 元

发行专线 :（020) 38903520　38903518　38903521
如发现印装质量问题，影响阅读，请与承印厂联系调换。

目 录

蓝蓝的天，软软的云，连空气都是甜的。
我们乘着鸡泡鱼大气球，飘向冉冉升起的红日。

人物介绍

瓜 瓜

广东小男孩，剃了一个西瓜头，大家都喜欢喊他瓜瓜。他喜欢冒险，偶尔幻想自己是苏东坡，老是想着"日啖荔枝三百颗"。

鸡泡鱼

一条神奇的河豚，不但会游，还会飞！嘟嘟小嘴，吸气胀百倍；能突破时空界限，带着瓜瓜去飘游。

羊老师

因为貌似无所不知，一度被怀疑是 AI 羊。为此，他在故事里做出了各种自辩行为，实力证明自己是一只"真"羊。

大松糕

本次故事的小精灵，广州饮茶点心的元老！

饮 茶

婆婆，吃个虾饺吧！

我最喜欢和瓜瓜一起叹茶了！

饮 茶

饮茶是广府地区的习俗，现在也辐射到广东各地。饮茶时间早午晚不限，饮茶之余还有点心、菜肴可满足口腹之欲。或一家大小共聚天伦，或三五知已小酌聊天，也有一人自斟自饮写意享受。一个"叹"（粤语意为享受）字皆可概括。

大松糕

我最喜欢吃软绵绵的大松糕了！

广州茶楼发展

广州茶楼发展了百余年，经历了"二厘馆—茶居—茶楼"的过程，再与酒楼融合，成为饮茶吃饭一条龙的综合性茶楼（酒楼），其间还短暂衍生出了茶室。

瓜瓜好眼光！广州茶楼发展了百余年，这松糕算是元老级点心了。

这应该有很多有趣的故事吧，要不一起去探寻一下？

清末广州城
快看！那是“五层楼”！
十三行
想知道“广州百年叹茶史”，怎能少得了我？
松糕族谱
矮房子,大帆船,真美！我们要去哪家茶楼呢？

清末的广州

1840 年，英国发动了侵略中国的鸦片战争。战争中，广州爱国官兵和三元里人民进行了英勇战斗。但由于清政府奉行妥协方针，导致战争失败。1842 年，英国强迫清政府签订《中英南京条约》，中国的独立和领土完整开始遭到破坏，从封建社会开始沦为半殖民地半封建社会。鸦片战争后，基于广州战前"一口通商"和十三行的余晖，广州地区仍然保持着其重要的经济地位和繁荣景象。经济和文化在近代化的进程中，获得了一定的发展。这时候的广州城还有城墙和城门，著名的十三行就在当时广州城外的珠江边。

镇海楼

镇海楼又叫五层楼、望海楼，始建于明洪武十三年（1380 年），历史上曾五毁五建，1929年成为广州市的市立博物馆，1950 年取名为广州博物馆，2013 年被列入全国重点文物保护单位。

从二厘馆说起

二厘馆

茶 居

茶 楼

酒楼

茶室

二厘馆

就在这里饮茶吗？
也太残破了吧？！

对比之下，我们
太幸福了！

这二厘馆是茶楼的前
身，是穷苦老百姓的
落脚点。

肥仔茶庄

以前的老人经常会唱：去二厘馆饮餐茶，茶银二厘不多花。糕饼样样都抵食，最能顶肚不花假……

二厘馆

清末咸丰、同治年间（1851—1874 年），广州是没有茶楼的，只有二厘馆。二厘馆都是一些简易的平房，里面摆些木台木凳。招牌一般会写"某某茶话"。因为茶价十分便宜，每人茶位费只需二厘（当时一角银币折合 70 多厘），故此得名二厘馆。二厘馆虽不高级，但已经是当时穷苦老百姓休闲的好去处了。

一盅两件

这里有粉、松糕、大包，
难道就没有虾饺吗？

虾饺是后来才出的
精点。这个年代只
要管饱就行。

这茶壶跟我
有点像呢！

一盅两件

"一盅两件"在现代有休闲享受的意思,但在二厘馆时代,它就是"大件夹抵食"(食物多而且物超所值)的代表。

"一盅"是指鹌鹑壶配一个瓦茶盅。这鹌鹑壶因大耳粗嘴形似鹌鹑得名,产于石湾。壶里多放些翻渣茶叶。

"两件"则是粗糙的大件松糕、芋头糕、芽菜粉、大包等价廉物美的茶点,便宜"顶肚"(果腹)。

茶 客

二厘馆的茶客是一些肩挑负贩者。他们习惯早晨上工前在这里填肚子,又或者在做工间隙,点壶茶聊聊天,松松筋骨。

二厘馆

城外码头的货到了,我赶着去卸货。

你吃饱后去哪里?

这两天不见卖鱼胜开档,不知道去哪里了?

他家生了个仔,休息了!

从二厘馆到茶居

二厘馆

茶 居

茶 楼

酒　楼

茶　室

茶 居

后来二厘馆消失了吗?

没有消失!它发展成茶居和粉面茶点业两种形态。

升级

演变

肥仔茶话

二厘馆

茶 居

茶 居

在清朝光绪年间（1875—1908 年），茶居出现了。茶居到底是何时出现在城市中并没有详细的记载。约翰·亨利·格雷在其著作《广州七天》中提到了 1873 年广州城中的茶居——月珍茶居。

茶居有两层楼，但是比较矮小，为表示比二厘馆高级与舒适，因此常以"居"为名。这是不是很有一种"隐逸者"的美意呢？至今仍有不少老广称茶楼为茶居。

粉面茶点业

一百多年前的二厘馆，狭窄的厨房设在门口，油条、大包堆在窗口，客人一望便知，想吃什么就叫什么。据闻，今天遍布街头的粥粉面店的"祖宗"，就是当年的二厘馆。

我们家旁边的粥粉面店就挺像二厘馆的。

粉面茶点业

茶 客

这茶居比二厘馆舒服多了!

茶 客

茶居所招待的都是当时社会中有一定经济基础的人群。普通百姓只要吃饱就行,而茶居的茶客则要边吃边聊,借饮茶的契机慢慢与对方交谈。茶居良好的环境自然受到商人们的推崇。

茶居是为有闲之士服务的，环境和食物当然也要升级了！

茶也很香。

茶居之名

那时有一定知名度的茶居有广州第三甫的永安居，寓意永远安居乐业；第五甫的五柳居，取意于陶渊明的《五柳先生传》。茶居起名也为招徕有闲之士而别出心裁。

此居非彼居

那我们广州人熟悉的
陶陶居，也是茶居咯。

陶陶居虽然名字带"居"
字，但按照规模来讲，
它是茶楼！

陶陶居创办于清光绪六年（1880年），现址在第十甫，是广州饮食业中的老字号之一，主营茶点、月饼、菜肴。陶陶居被誉为"月饼泰斗"，其"陶陶居上月"更是获得"金鼎奖"及"中国名牌月饼"的称号。

茶居和茶楼不一样吗？看来要继续飘了！

从茶居到茶楼

二厘馆

茶　居

茶　楼

酒 楼　　　　　　　　茶 室

上高楼

哇……这就是茶楼吗？比茶居高多了，看起来也很豪华！

茶　楼

茶楼大概在清朝光绪末年至民国初年出现，由佛山七堡乡（现佛山石湾地区）人最先投资开设。

凡七堡人开设的茶居，均先购置地皮，占地较广，筑而为楼（三层），号为茶楼。当时广州还没有开辟马路，以平房为主，这样的高楼尤为突出。于是广州人又泛称去茶楼品茗为"上高楼"。

那时候有歌仔是这么唱的："有钱上高楼，无钱地下踎(蹲)。"旧时茶楼惯例，楼层越高，茶价越贵。

茶楼功能

自辛亥革命后，广州工商等各业日趋兴旺，人们交往频繁，茶楼不仅是消费场所，更是各行各业买卖"斟盘"（洽谈）、互通信息的地方。

茶楼招牌

为显示茶楼的格调，茶楼的创办人对招牌尤为重视。据说陶陶居的是请康有为书写的，莲香楼的则由清末举人陈如岳手书。

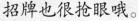

招牌也很抢眼哦。

这时候的茶楼都是重金砸出来的，所以人们都以"上高楼"为荣。

茶楼

典型的茶楼建筑

大松糕，你说这茶楼是重金打造，莫非是镶金的？

① 茶楼兴建：

茶楼地点的选择要求相当严格，其标准是：1.繁华商业区；2.靠近车站、码头的来往要道；3.路口交会点附近；4.有较大的店铺面积。只要符合上述四点要求，投资方便不惜重金购买，甚至采用拆、拼、重建等办法。所以，不少茶楼用于置业的资金就占总资金的50%以上。

② 骑楼：

舶来品，民国时期洋式建筑在全国各地兴盛，因此那个年代的茶楼，其立面多有西洋元素。骑楼底层沿街面后退，留出公共人行空间。

③ 超高首层：

早期茶楼一般只有三层，因为当时没有电梯，建筑太高反而不方便。

第一层要高，有高达7米的，视觉上有宏大宽敞之感。首层前端三分之一的位置一般会用作铺面。

金子！哪里有金子？

呃……这个，你还是听羊老师的介绍吧！

⑤ **小型庭院景观：**

小巧精致的岭南庭园景观，给茶楼室内环境带来"寸山多致，片石生情"的意境。

茶楼

④ **满洲窗间隔：**

一般用红、蓝、白、黄四色玻璃镶嵌，刻有花鸟虫鱼、岭南蔬果、诗词歌赋等。

本次介绍的茶楼，是典型的骑楼建筑，主要参考中国工程院院士、建筑设计专家莫伯治先生的手稿绘制（1995 年）。

饼饵柜

我们不是来饮茶的吗？
怎么进门就卖起饼了？

莲蓉月饼、五仁月饼、豆沙酥、
皮蛋酥……好想吃啊！

旧时这饼柜可是茶楼的重要组成部分哦!

制饼行业

新中国成立前的制饼行业,凡设茶楼营业的,归为茶楼业,不设茶楼的归属饼饵业。以往比较出名的茶楼,皆是自制饼饵的,一般茶楼首层前端的位置用作饼饵销售。饼饵是茶楼收入的重要组成部分。典型的饼饵有成名于清朝咸丰五年(1855年)的小凤饼(鸡仔饼),历经两个世纪的成珠楼(1745年开业)当初就是靠它发财致富的。

饼饵分类

龙凤礼饼:按广州传统习俗,嫁女要派礼饼给亲戚朋友。派送嫁女饼是一种身份象征,以担来计算,派得越多代表越高贵。

中秋月饼:据说唐朝时便有月饼,但广式月饼直到晚清时才出现,盛行于民国初期,是一种中西融合的产品。

一般饼饵:包括数不尽的酥食饼食,成珠楼所制的小凤饼,就属于这类。

中秋之争

这应该是走马灯！

这又是什么，
实在太精美了！

这是用来吸引顾
客买月饼的啊！

眼球之争

行话中的"一个月顶一年",说的就是各大茶楼酒家的月饼销售。因此,各大茶楼为争夺中秋市场各出奇招:或悬挂金漆木雕大招牌,或悬挂描绘有"嫦娥奔月""仙女散花""三英战吕布"故事之类的走马灯,以吸引顾客眼球。

月饼之争

中秋之争的核心还要回归到月饼,茶楼对于月饼的制作用尽心思。例如惠如楼(1875年开业)就参照传说中给乾隆皇帝享用的"贡品月"做法,增加咸蛋黄,制成了"凤凰贡品月";莲香楼则坚持选取优质莲子制作莲蓉,凭莲蓉月成名;陶陶居则以火鸭肉、冬菇、安虾等料,制成了"陶陶居上月",后又在"陶陶居上月"旁伴上七个小月饼,包装成一盒,成为沿用至今的"七星伴月"。

字画添雅

陶陶居著名对联 →

陶保惜分 大禹惜寸 罪可惜是怀里光阴

陶潜善飲 易牙善烹 恰相善作座中宾主

茶楼有好多字画呢！

旧时的茶楼，对文化品位很有追求，因此多会悬挂名人字画，或举办征联活动。惠如楼就是其中很典型的代表哦！

千金不换

惠如楼的镇店之宝，书法横幅"少长咸集"，是清代名书法家赵之谦手笔。1930年民国政府要员张发奎的副官苏世杰、1950年一书画爱好者分别以500港币、1500港币求购，均被拒绝。

我重金购买你这横幅，可好？

这清代名书法家赵之谦的墨宝可是我店的镇店之宝，千金不换！

重金征联

1987年惠如楼重新装修，在仓库发现一副对联。上联为"惠己惠人素持公道"，却不见下联。经考证发现，这副对联是在1890年即惠如楼开业15周年庆典时写的。惠如楼经理遂公开征集下联，海内外应征者400余人，征得"如亲如故长暖客情"为下联。

我店有上联"惠己惠人素持公道"，现重金求对下联。

有了陈雨田先生的字，我店真是蓬荜生辉啊！

名人书写

有了对联还不够，惠如楼最后还邀请书画家陈雨田写成对联制匾，悬挂于店内。

水滚茶靓

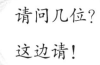

这是炉，广州饮茶讲究"水滚茶靓，双重煲沸"，所以每个厅都设有茶炉。

请问几位？
这边请！

这又是什么？

企堂阿茂

水滚茶靓，双重煲沸

茶楼所用开水最为紧要，是双重煲沸的。除设有专用的开水炉外，每个厅均加设一个座炉。座炉多烧煤球，炉面用一块厚铁板盖上，中间有一个大的炉口孔，可放四个大铜吊煲。企堂在开水炉取水后，要再将其放在座炉上保温、加热。

水的讲究

要冲得一壶好茶，水也非常重要。陆羽《茶经》云："山水上，江水次，井水下。"旧时的茶楼为了博得茶客的欢心，不惜到处寻找优质水源。例如陶陶居，就特地每天用人力"大板车"把白云山九龙泉泉水拉入市区，然后又担心茶客不知其所为，入市区后改用数十人用红色扁担挑红色木桶招摇过市地送回茶楼。

企 堂

茶楼企堂各有分工，分茶炉和执盘。茶炉是企堂中主管开水的，执盘是主管桌上食品的。

茶叶珍贵

各位，请问喝什么茶？有龙井、乌龙、水仙、寿眉、普洱、六安、红茶、菊井、菊寿，以及菊花等，还有特制清远茶、午时茶、甘和茶和本店的趣至茶。

听得我脑瓜疼！

趣至茶是什么茶？

应该是茶楼自己较的茶叶，要不试一试吧！

龙井

水仙

六安

甘和茶

寿眉

普洱

红茶

菊花

茶楼对茶叶的重视

茶楼对茶叶的质量非常重视，特地设买手品鉴和储存茶叶。买手要有鉴别茶种的知识，同时要懂得把同类型、不同产地或不同价格的高、中、低档茶混合，实现色、香、味俱全和耐"冲"（泡）等特点，既适应茶客要求，又降低了成本，这便是较茶，和现在咖啡店里的拼配咖啡有点像。

收藏普洱茶

茶楼对普洱茶的贮存更是讲究，因为这种茶越陈越好。那时的巧心楼、太如楼、莲香楼等老字号茶楼，存贮的普洱一般可供六七年使用。民国时期，巧心楼曾一度被勒令停业，但是老板心善，再困难也不裁员，最后选择卖掉部分普洱茶来发工资给员工。后来有诗称颂巧心楼："善心人建巧心楼，一片苦心臻一流。更喜孤儿成大厨，群童尿店有何愁。"

冲茶功力

① 洗茶具

原来这个时候已经有烫洗餐具的习惯啦！

各位可以先清洗一下茶盅。

在称茶叶呢，每人定量一份，无花无假。

② 称 茶

③ 冲 茶

小师傅功力
了得哦！

当然啦，这样冲茶，还要用阴力才不至于把水溅出来呢！

茶具消毒

过去桌面上会有一个"茶洗"（状如无脚平底碗），每位客人自用一个茶盅。来客开位，企堂必先在茶洗内注入开水，让茶客自己将茶杯消毒。所以老广烫洗茶具可是有历史渊源的。

铜吊煲

企堂所用铜吊煲连水重达九司斤（1 司斤 = 604.79 g）。煲嘴成鸭嘴形，使出水如扇形但不会过宽，以减少冲击力，这样水便不会飞溅。

冲茶的功力

泡茶时要运用阴力，使冲水不溅溢，这要求企堂有很好的动作协调能力。

星期美点

我们这周的"星期美点"有鸳鸯鸡蛋挞、水晶虾饺王、玉液叉烧包……

新鲜出炉靓点心！

星期美點
二 鴛鴦雞蛋撻
水晶蝦餃
叉燒

42

这星期美点真有意思!
点心名字很优雅呢!

广州点心"四大天王",正啊!

首 创

在"五步一楼,十步一阁"广州茶楼业里,各大茶楼均各出奇招。20世纪20年代末期,陆羽居名点心师郭兴首创星期美点。

星期美点

所谓星期美点,就是一周之内出售的各种点心的总称,并且一周变换一次。每星期以十咸十甜或十二咸十二甜,配合时令,以煎、蒸、炸、烘等方法制作。以包、饺、角、条、卷、片、糕、饼、盒、筒、盏、挞、酥、脯等形式出现,夏季还多出一两种冻品。星期美点的命名也要求别致清新,绝不能显得平庸滥俗。

点心"四大天王"

粤点泰斗陈勋曾把广式早茶最受欢迎的4种点心命名为"四大天王"。它们分别是:点心之王虾饺、爆口弹牙叉烧包、南北精髓汇聚的干蒸烧卖、中西合璧的蛋挞。

明星歌坛

看，那里有个戏台，还有人唱曲呢！

原来饮茶还有粤曲听啊？！

那时候不叫戏台，一般叫歌坛。在民国时期，设歌坛请明星唱戏是茶楼重要的竞争手段呢。

女伶献唱

20世纪二三十年代的广州茶楼林立、女伶广众，在茶楼演唱的女伶多达300多人。当时的南如茶楼，邀请红遍香港的女伶张月儿与崛起于广州的红伶小明星到南如茶楼演唱，各唱15天，看谁的粉丝多，被人誉为"星月争辉"。

1945年抗战胜利后，还曾有一些粤剧演员以歌坛为戏台演出。在茶楼里设歌坛戏台唱粤曲这种服务，一直延续至今。虽然已不是主流，但不失为广州茶楼的独有韵味。

茶楼大王

各位，在下谭晴波。看样子几位是新客户，不知道吃得如何？小店可有需要改进的地方？

他是老板吗？

谭晴波

46

佛山七堡乡人与广州茶楼业

明清时期，广州开放为通商口岸之后，欧风东渐，原为"四大名镇"之一的佛山逐渐衰落，资金转移到广州。佛山七堡乡（现佛山石湾地区）人纷纷来广州投资，经营茶楼业，著名的"九条鱼"便是他们的杰作。

九条鱼

"九条鱼"即九家（实际发展到十多家）"如"字号的茶楼，包括东如、西如、南如、太如、惠如、多如、三如、五如、九如、天如、瑞如、福如、宝如等。

茶楼大王

第一代茶楼大王谭新义，佛山七堡乡人，有"开荒牛"精神，重视扶助茶楼业的经营人才。

第二代茶楼大王谭晴波，佛山张槎大富乡人。抗战胜利之初，拥有10多家茶楼的谭晴波，在店内仍穿"面袋衣"（用面粉袋缝制）。

协福堂

开茶楼投资高，在动荡的年代更需要形成合力。协福堂就是在这样的环境下诞生的。它具有行业会馆性质，以共同应付官府干预，日常也会聚集各茶楼司理交流市场信息。谭新义、谭晴波先后主理过协福堂。

哇，他可是第二代茶楼大王谭晴波！能给我签个名吗？

数口清晰

点心很好吃，但我还想吃鸡！

想吃鸡就跟我去酒楼。阿茂，埋单！

好的，八台埋单六钱一分！

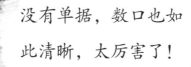

没有单据，数口也如此清晰，太厉害了！

48

八台，开来六钱一分，收一银圆，找一钱一分。（一银圆价值相当于七钱二分白银）

埋　单

粤语用词，即结账的意思。

各司其职，通力合作

以前的茶楼没有结账单，企堂需要眉精眼企（火眼金睛），心算账单，高声报数给收款员，并留意客人是否已经"找数"（付款）。一位收银（收款员）起码得应付四五位企堂，并需在顾客付款时，区分顾客账款，立即找钱。

收　银

在没有账单的年代，很多人以为收银一定是老板的"皇亲国戚"，恰恰相反，以前的收银要求很高，需要头脑灵活、诚实可靠。他们大多都是从柜尾杂工开始，一步步接受培训，最后被选上来的。如被发现贪污，不单开除，还会在协福堂挂名公布，以后也不能在这个行业工作了。

茶楼与酒楼的关系

二厘馆

茶 居

茶 楼

酒楼

茶室

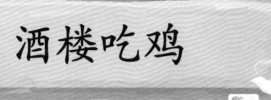

酒楼吃鸡

吃鸡啦！

咯咯咯~走！咯咯咯快点！

酒楼（酒家）

酒楼比茶楼历史悠久，广州古代便有。直到19世纪初，酒楼的规模依然不大，绝大部分业务都是"上门到会"（受邀到东家家里服务筵席）或是"会送"（煮好菜按时送到东家）。

19世纪中叶，即鸦片战争（1840—1842年）后，因广州工商业发展，酒楼业务不断扩大，装修格调不断提升，美食菜式、口味海纳百川，百家争鸣。20世纪30年代，酒楼业更是迈向顶峰。

20世纪30年代以前，酒楼与茶楼的业务都是泾渭分明的，酒楼不做点心饼饵，茶楼不做筵席。它们各从属不同的工会，并缴纳会费，只允许招收所属公会内的工人。酒楼属酒楼茶室工会，茶楼属茶楼饼饵工会。

奢华的酒楼（酒家）

虽然处于动荡年代，却因为瞄准官僚买办、富商巨贾之类为经营对象，酒楼走上了极尽奢华的畸形发展之路。

为了争夺顾客，各大酒家各出奇谋。例如，一景酒家首创以紫檀木家私做厅堂陈设，贵联升酒楼以"满汉全筵"做噱头，大三元酒家推出"六十元大群翅"等。

园林式设计装饰是当时奢华酒楼元素之一。现在广州的泮溪酒家、北园酒家虽然是重建的，但依稀能让人感受到民国这些酒楼（酒家）鼎盛时期的影子。

经典名菜

民国四大酒楼代表作

南园酒家

红烧鲍片

这款鸡虽有头和翅，但完全没有鸡骨和鸡肉，而是用鲜虾和少量牛肉制成"百花馅"，酿在爽滑的鸡皮下，最后淋上鲜美的芡汁，实在太……正了！

江南百花鸡

文园酒家

民国二十二年（1933），牛肉每斤
才 0.6 银圆，这大群翅太奢侈了！

我忍不住要开吃了！

大三元酒家

六十元大群翅

你们边吃边听我再讲一个关于
茶楼和酒楼纷争的故事吧！

鼎湖罗汉斋

西园酒家

开业之争

陶陶居第十甫新址建成后，主要创办人谭杰南决心要把陶陶居办成一家综合性饮食企业。于是不顾茶楼饼饵业工会和酒楼茶室业工会之间的利益矛盾和行规界限，决定跨行业经营：既设烧腊柜（属酒楼茶室业经营），又设饼饵柜（属茶楼饼饵业经营）；既经营早午茶市，又经营饭市和包办筵席。但开业当天，遭到茶楼饼饵工会理事们的反对，所以发生了开业之争这一幕。

茶楼饼饵业工会

茶楼设烧腊柜，简直不伦不类！

你打着茶楼的旗号请酒楼茶室工会的人，这会费怎么处理？

要办筵席就不能卖饼饵。

工会理事

从早吵到晚，难道他们不饿的吗？

咕噜……

这么晚了，去茶室吃宵夜吧！

走走走！赶紧走！

茶室之盛衰

二厘馆

茶居

茶楼

酒　楼

茶室

十年大发展

这里真的有宵夜吃吗？

不但有宵夜，还有晏茶和饭市呢！

刚才那场"六国大封相"太精彩了！

晚上 10:30

是啊，去茶室吃个宵夜慢慢回味吧！

宝华大戏院

茶室的兴旺

不同于茶楼不做筵席，酒楼不做茶市，茶室是二者兼容的。它在上午九点茶楼收市后才开始营业，也像酒楼一样开设饭市，但只供应小菜，方便随意小酌，另有粉面供应午夜市。营业时间直到深夜，待戏院散场（粤剧一般到深夜才散场）后才收市。

茶室其实弥补了酒楼和茶楼之间的空隙，也满足了"晏客"（比较晚才去饮茶的人）的需要。它在清末民初零星出现，自1927年开始进入了十年的兴旺时期，最后因为茶楼酒楼之间经营界限的模糊而没落。

茶室业是属于酒楼业工会的，其间酒楼茶室工会和茶楼饼饵工会业也经过一番争斗。

去陆羽居饮茶！

少爷，现在都快正午了，只能去翩翩茶室饮茶了。

早上 10:30

棋王茶寮

翩翩茶室于 1924 年开业，就在宝华大戏院旁，常开设棋坛。号称"粤东三凤"的黄松轩、曾展鸿、钟珍都是座上常客，其他知名棋手也是数不胜数，因此翩翩茶室有"象棋少林寺""棋王茶寮"之称。

女招待

终于看到一位服务员姐姐了。

各位要吃什么可以自己圈出来。我们即点即蒸，确保新鲜。

女性服务员在这个时期确实不多。

这种下单模式，跟现在很像呢！

平权女子茶室

清末民初，受到社会风气影响，茶楼一般不会有女性服务员。20世纪20年代中期，广州高第街上出现了第一家"平权女子茶室"，老板大姊打出"男女平等"的旗号，从掌柜、收银到跑堂，清一色全用女子，因为稀有，所以生意热闹非常。后来很多茶楼和酒楼都效仿，开始聘请女性服务员。

即点即蒸

茶楼点心以叫卖为主，而茶室则不同。茶室点心的品种经常变换，一般会将点心的名称印于纸上，任客人圈点，或由服务员手写下单，随即送到生产部门，即点即蒸，新鲜滚热辣一齐送上。我们现在饮茶的下单模式，很可能源于茶室。

小而精的点心

这是我们著名的娥姐粉果、奶皮猪油包、糯米鸡，请慢慢享用。

茶室点心和茶楼点心感觉差不多啊！

茶室和茶楼的点心有点不一样，茶室不"卖大包"，只走"小而精"路线。

小而精的茶室点心

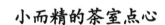

茶室的顾客都是文绉绉的（不一定是文人），尚清谈而不高（声）论，无赶时上班的匆忙，却有浅斟细嚼的癖好，因此茶室的点心，必然不能粗制。茶叶上等，开水保证沸度；小菜、粉面不用大堆头，而着重精细。这十分适合"贵夹唔饱"（价高而不果腹）那种富裕客人的需求。茶室的"小而精"和当时某些茶楼"卖大包"的经营手段是"唱对台戏"的。后来的茶楼，酒楼也向茶室学习，点心渐趋精小。当然这与人们的生活水平普遍提高有关，和新中国成立前只有极少数人才能享受是有本质区别的。

后来······

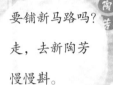

广州茶楼的后来

1929—1936 年，广州的政治、经济、城市建设、文化教育等相对稳定，这个时期的茶楼业也随着城市发展达到一个高峰。茶楼业老行尊冯明泉先生认为，所谓高峰，主要指店号的增加、食品的改良，以及陆续吸收了西点的制作技术。1936 年后，茶楼酒家都已成为茶点、饭市、筵席兼营的综合体。

沧陷时期

1937 年抗日战争全面爆发，广州处在日军威胁之下，人民的生命财产受到严重威胁，很多茶楼食肆毁于一旦。

中华人民共和国成立之后

中华人民共和国成立以后，广州经济得到恢复，茶楼业复苏，后来还经历了公私合营、股份制改革等阶段。随着国力的强盛和经济的发展，广州茶楼业再次迎来高光时刻！

新中国成立后的四大酒楼

广州酒家

食在广州第一家。

南园酒家

与泮溪酒家并称"园林酒家双璧"。

北园酒家

广州第一家富有岭南庭院特色的园林酒家。

泮溪酒家

全国最大的园林酒家。

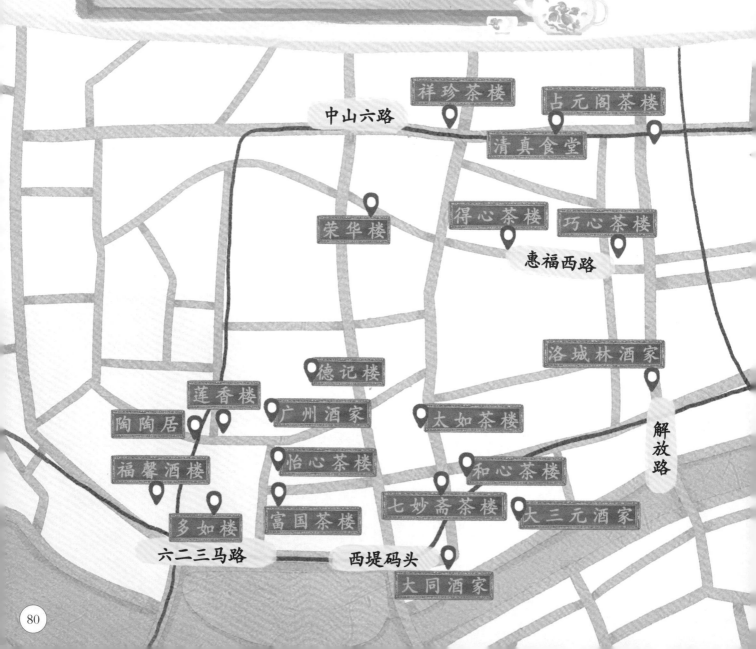

广州老食府在哪儿

祥珍茶楼

占元阁茶楼

中山六路

清真食堂

得心茶楼

巧心茶楼

荣华楼

惠福西路

洛城林酒家

德记楼

莲香楼

广州酒家

太如茶楼

陶陶居

解放路

福馨酒楼

怡心茶楼

和心茶楼

多如楼

富国茶楼

七妙斋茶楼

大三元酒家

六二三马路

西堤码头

大同酒家

广州以前有这么多著名食府，我真的很想知道它们的现址在哪些地方。

这个简单，羊老师，上地图！

云来阁茶楼
利南茶楼
惠如楼
妙奇香茶楼
云香茶楼
南如茶楼
东如茶楼
涎香茶楼
永乐茶楼
太昌茶楼
北京路

现代饮茶

这广州百年饮茶史
实在太有趣了！

以前的茶楼，文
化气息浓厚、装
饰奢华。

但我更喜欢现在茶楼的大众化，其乐融融。

现在国家安定繁荣，人们生活好了，得闲饮茶再自然不过了！

顾问

龚伯洪

创作团队

总筹划

龚　婷　　管健嘉　　孔雁菲

编　者

孔雁菲

插　画

龚　婷　　游雅文　　周颖君　　林泳琪　　陈虹先
范修洋　　王晓龄　　陈昭忠　　罗心婷　　黎秋蓉

排版设计

莫惠仪